不吃藥！
不動刀！

最強神級
養身湯

日本瘦身果汁女王的50道湯品，
解決女性所有煩惱

藤井香江●著
涂紋凰●譯

高寶書版集團

第2章
消除「疲勞」！由內而外溫柔療癒身體，使人恢復元氣的湯品

第3章
消除「肥胖」！喝了不胖反瘦的湯品

第4章 消除「便祕」！調整腸道機能的湯品

第5章 擊退「老化」！讓皮膚、秀髮回春的湯品

第6章 消除「壓力」！安定心靈、穩定情緒的湯品

第7章 消除「免疫力低下」！抗寒抗病毒的湯品

前言

享瘦、抗老、美容、減輕疲勞 省時又簡單的「湯品」，效果無限大！

對女性來說，「健康」與「美容」是人生的重大主題。尤其是四十歲前後，女性面對身體和心理煩惱的時間會越來越長。

腹部周圍的脂肪、疲倦、怕冷、便祕、肌膚問題、焦慮……這些「身體和心靈的失調」都會一一浮現，也會越來越容易意識到自己的年齡。

為了保持健康，三菜一湯的飲食最為理想。儘管知道這個道理，但每天都要進廚房做菜實在很麻煩。覺得疲憊的時候，也會忍不住用便利商店的便當或超市的熟食打發對吧。

因此，我構思了一系列**能夠解決女性煩惱**、**省時又簡單的「湯品」菜單**。優點就是「簡單、美味、健康」三大元素，你只需要把食材放進鍋中燉煮即可。

只需要「煮」這一個步驟，就能完整吸收蔬菜、菇類、肉類、魚貝類、黃豆製品、發酵食品等天然的「**美味**」與「**營養**」。

天然食材中，充滿維持人體與心靈健康必要的營養素。如果煮成湯品，就能大量攝取大自然的恩賜。本書會介紹五十道解決女性煩惱的湯品。

例如：

- **減少皮下脂肪**↓蝦仁豆腐酸辣湯
- **滋潤肌膚**↓濃厚南瓜濃湯
- **療癒疲憊身心**↓天使奶油巧達起司濃湯
- **改善便祕**↓青花椰菜咖哩湯

這些都是能夠溫暖身體，讓人充滿活力的湯品。料理時間全部都控制在十分鐘以內。即便是忙碌的早晨、疲憊的夜晚都能快速完成一道佳餚。如果能在您繁忙的生活之中，帶來一碗湯的溫暖撫慰，我將無比欣慰。

簡單！
美味！
健康！

本書湯品的七大優點！

本書以女性在意的七大困擾區隔章節，
嚴選解決各種症狀的湯品。

1 解決「怕冷」的問題！

提升新陳代謝，溫暖身體。

嚴選富含打造溫暖體質的蛋白質、改善血液循環的鐵質和維他命 A、加速新陳代謝的維他命 B 等豐富營養的湯品。

2 消除「疲勞」！

溫柔療癒內臟，使人恢復元氣！

用湯品完整攝取提升肝臟活動效率的芝麻素、牛磺酸、保護胃壁的黏液素、消化酵素澱粉酶。

3 解決「肥胖」問題！

低脂低卡路里也能滿足口腹之慾！

利用膳食纖維、能減少中性脂肪的 EPA、抗氧化效果強的蝦紅素、促進新陳代謝的碘，能夠擊退多餘的贅肉。

4 解決「免疫力降低」的問題！

擊退感冒和病毒！

湯品內含具有超強殺菌效果的大蒜素和蔥辣素、讓皮膚和黏膜更強健的胡蘿蔔素，藉此提升免疫力！

5 解決「老化」問題！

讓體內變得乾淨暢通

具有抗氧化效果的維他命 ACE、能夠幫助皮膚再生、抗老化的維他命 B、擁有美肌效果的維他命 A，讓身體變得乾淨暢通。

6 消除「壓力」！

調整自律神經

有效率地攝取能抑制焦慮的芹菜素、抗氧化的維他命 E、穩定精神狀況的山萵苣苦素。

7 消除「便祕」！

腸道保持清爽，身體狀況跟著好。

能夠整頓腸道環境的果膠、腸內細菌喜歡吃的抗解澱粉、有助排出毒素的葡甘露聚醣，讓腸道充滿活力。

快速提味的十分鐘食譜！

「美味湯品」的作法

本書介紹的湯品，都是十分鐘內就能完成的簡單食譜。
這裡要介紹一些讓湯品更美味的小祕訣。

1 先炒過再蒸燜，就能快速提升美味！

食材炒過之後會更香，加入油、鹽、水再加熱，就能引出食材中的鮮味，即便是在短時間之內也能煮得美味。

2 只要記得大規則，用肉眼目測分量即可！

二人份的食材，分量大約是 500ml 量杯，水量大約 300 ～ 400ml。按照這個大規則，用肉眼也能目測分量。

3 聰明使用市售調味料和速食食材

聰明地應用雞湯粉、西式濃縮高湯粉、沾麵醬、濃縮高湯等調味料、軟管裝的蒜泥或薑泥、罐頭、乾貨。

讓湯品更美味！

煮湯基本上有三種方法。
1. 食材加水燉煮。
2. 先用油炒食材，最後加水燉煮。
3. 先「蒸燜」一下，再加水燉煮。
這裡介紹第三種，非常方便的「蒸燜」料理法。

STEP 1
將食材加入鍋中。

材料（2人份） 油：1/2小匙
鹽：適量　水：50ml
食材（蒸燜用）：200g以內

STEP 2
蓋好鍋蓋，用大火煮三分鐘。

因為要讓鍋內的水蒸氣在高溫下產生對流，所以要使用沒有通氣孔的鍋蓋。
* 有孔的鍋蓋可以用鋁箔塞住。

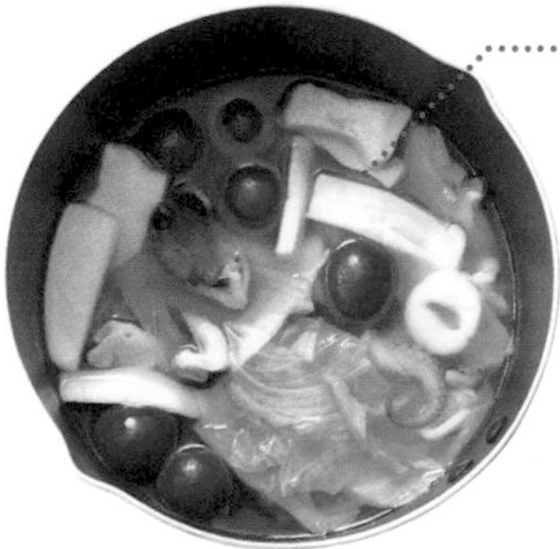

STEP 3
加水燉煮。

▶ **加水燉煮成湯。**
水分的量：300～400ml
加熱時間長的話，水分就會蒸發。
可以按照需要加入水分，調整成自己喜歡的濃度。
（添加量：50～100ml）

▶ **試味道**
如果太淡的話就再加一點調味料。
第一口喝起來偏淡是正常的，這樣整鍋湯喝到完的味道就會剛剛好。

本書的規則與使用方法

看這裡就能知道
湯品的「效果」！

解決女性煩惱的
「湯品」！

「料理時間」需
要幾分鐘？

「作法」很簡單！

靠「美味的小祕訣」
讓湯品更好喝！

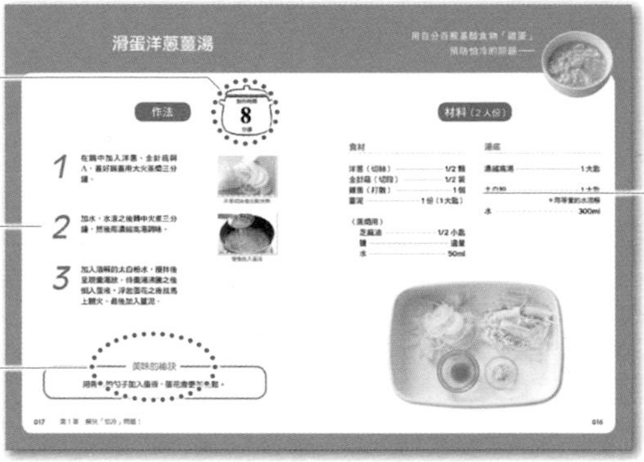

大致的「材料、
分量」！

- 食譜重視快速料理，所以會使用水煮、冷凍食品、罐頭等方便的食材。
- 蒜泥或薑泥等食材使用市售的軟管包裝商品。
- 食材的事前處理方式會用括號標記在食材後方。例如：長蔥（切蔥花）。清洗蔬菜等詳細的步驟則省略。
- 食譜頁由食材、濃縮高湯、個人喜愛的額外食材等內容組成。部分個人喜好的額外食材不會出現在照片中。
- 本書的照片為一人份湯品。食譜則是一到二人份。
- 油品請使用接近無色透明（例如：沙拉油、米糠油、菜籽油、白芝麻油等），一般家裡就有的食用油。
- 義大利風建議使用橄欖油，中式建議使用焦糖色的芝麻油。
- 一小匙為 5ml，一大匙為 15ml（cc），一杯為 200ml（cc）。
- 微波爐加熱時間以 600W 功率為基準。由於廠牌和機種可能會有差異，請依狀況調整。
- 如果水分不夠，請添加適量的水。食譜的份量都只是大概，請一邊試味道一邊調整。
- 本書食譜的目的在於促進健康。（而非治療疾病）

第1章

解決「怕冷」問題！溫暖身心的湯品

滑蛋洋蔥薑湯

滑嫩口感，溫暖身心！

解決「全身性的怕冷問題」

一碗就含有所有營養素

說到女性經常有的煩惱，非「怕冷」莫屬。「滑蛋洋蔥薑湯」就是一道能夠改善寒冷體質的湯品。

雞蛋是「擁有完整營養的食品」。雖然沒有膳食纖維和維他命C，但其他營養素雞蛋都有。除了維持體溫的優良蛋白質之外，也富含吸收率高的動物性血紅素鐵。雞蛋中的維他命B群可以促進新陳代謝，一天吃一顆雞蛋，就能改善**怕冷的根源——營養不足**。

只要徹底引出「洋蔥的甜味」，就能讓這道湯更美味。一開始先蒸燜再燉煮，就能引出洋蔥的甜味與鮮味，煮出滑嫩醇厚的湯品。

最後加入爽口的薑泥，微微的辣味會讓身體和心靈都得到溫暖撫慰。

用百分百胺基酸食物「雞蛋」
預防怕冷的問題——

材料（2人份）

食材

洋蔥（切絲）——1/2顆
金針菇（切段）——1/2袋
雞蛋（打散）——1個
薑泥——1份（1大匙）

〈蒸燜用〉
A 芝麻油——1/2小匙
　鹽——適量
　水——50ml

湯底

濃縮高湯——1大匙
太白粉——1大匙
＊用等量的水溶解
水——300ml

滑蛋洋蔥薑湯

作法

制作時間
8
分鐘

1 在鍋中加入洋蔥、金針菇與A，蓋好鍋蓋用大火蒸燜三分鐘。

洋蔥切絲會比較快熟

2 加水，水滾之後轉中火煮三分鐘，然後用濃縮高湯調味。

慢慢倒入蛋液

3 加入溶解的太白粉水，攪拌後呈現羹湯狀。待羹湯沸騰之後倒入蛋液，浮起蛋花之後就馬上關火。最後加入薑泥。

美味的祕訣

用帶孔的勺子加入蛋液，蛋花會更加蓬鬆。

柚子胡椒長蔥雞湯

微辣又充滿柚子清香

解決「下半身怕冷的問題」

美味享用「最好的蛋白質來源」

下半身怕冷的人，我推薦喝「柚子胡椒長蔥雞湯」。女性之所以會下半身怕冷，主要是因為**肌肉量不足和血液循環不良**。這道湯品，可以同時解決兩個問題。

雞胸肉是最佳發熱食材。富含養成肌肉的優良蛋白質、高效產生能量的胺基酸、精胺酸。長蔥的香氣成分二烯丙硫醚可以促進全身血液循環。

加入柚子胡椒就能讓這道湯品更美味。清爽又有分量的辣味，和清淡的雞胸肉很搭，讓湯的味道更有深度。吃一口就能嚐到長蔥中的鮮甜水分，與雞胸肉的柔嫩口感達成絕妙平衡，是一道值得讓人加入經典菜單的湯品。

每天吃一百克雞胸肉，
預防下半身怕冷的問題——

材料（2人份）

食材

雞胸肉（切塊）——150g
長蔥（斜切）——1根
鴻喜菇（分小塊）——1袋
有的話準備 太白粉——1小匙

〈蒸燜用〉
A
芝麻油——1/2小匙
鹽——適量
水——50ml

湯底

濃縮高湯——1大匙
柚子胡椒——1小匙
水——300ml

柚子胡椒長蔥雞湯

作法

制作時間
8
分鐘

事前準備

將雞胸肉、太白粉放入塑膠袋，封口之後搖晃塑膠袋使太白粉均勻分布。

稍微保留一點空氣，
上下左右搖晃

1 在鍋中加入長蔥、 鴻喜菇與 A， 蓋好鍋蓋用大火蒸燜三分鐘。

用繞圈的方式讓食材
接觸油脂

2 加入雞胸肉和水， 水滾之後轉中火煮三分鐘， 然後用濃縮高湯、 柚子胡椒調味。

美味的祕訣

雞胸肉沾太白粉，煮起來會更軟嫩。

鮪魚與綜合豆的
豆漿咖哩湯

好吃的鮪魚和充滿香味的咖哩

解決「手腳冰冷的問題」

魔法香料「咖哩」的絕佳功效

手腳冰冷的時候，「鮪魚與綜合豆的豆漿咖哩湯」最有效。

手腳冰冷通常是因為過度節食或飲食限制造成營養不足，身體無法產生熱能。這道湯可以有效解決由於營養不足而導致的**手腳末梢冰冷**。

咖哩粉是能夠促進食慾的魔法粉末。讓身體暖起來的大蒜、薑，增進食慾的孜然，都**富含擊退體寒的成分**。

連鮪魚罐頭的湯汁都一起使用，就是讓這道湯更美味的祕訣。罐頭湯汁充滿鮮味。就算沒有事先炒過洋蔥，只要融合綜合豆的鮮味就能快速煮出濃醇的咖哩。

最後加入豆漿，就可以創造出微辣但柔和的韻味，完成一道濃醇香、味道絕妙的咖哩湯。豆漿在沸騰之後容易油水分離，所以只需要稍微加熱就好。

材料（2人份）

食材

鮪魚罐頭（無油）——1罐
綜合豆——1罐（120g）
甜椒（切塊）——1個

〈蒸燜用〉
A 芝麻油——1/2 小匙
鹽——適量
水——50ml

湯底

B 濃縮高湯粉——2 小匙
咖哩粉——1小匙
水——200ml

豆漿——100ml

鮪魚與綜合豆的豆漿咖哩湯

制作時間
9
分鐘

作法

1 在鍋中加入甜椒與 A，蓋好鍋蓋用大火蒸燜三分鐘。

加入咖哩粉攪拌均勻

2 加入 B、鮪魚、綜合豆，水滾之後轉中火煮五分鐘。然後加入豆漿，加熱但不要煮到沸騰。

小心不要讓湯沸騰

美味的祕訣

甜椒經過蒸燜會減少苦味，讓甜味更明顯。

制作時間 9 分鐘

藥膳蔘雞湯

帶骨的肉更鮮美，能煮出乳白色的雞湯！

作法

1 在鍋中加入所有食材，蓋好鍋蓋用大火煮。

2 水滾之後轉中火煮八分鐘。

材料（2人份）

食材

雞翅膀	4隻
長蔥（斜切）	1/2根
白飯	4大匙
大蒜（切薄片）	1片
薑（切薄片）	1塊

湯底

鹽、芝麻油	各1/2小匙
酒	1大匙
水	300ml

美味的祕訣

加入生薑和蒜頭，會讓味道更有層次。

解決「腹部冰冷的問題」

由內而外溫暖身體的「藥膳」之力

如果感覺腹部冰冷——請享用「藥膳蔘雞湯」。**腹部冰冷的主要原因是壓力**，導致血液通往內臟的循環不良。這道湯品對腹寒有效的祕密就在於結合肌肉和生薑。**雞肉**在中藥裡面屬於**造血的食材**。富含能夠提升體溫的維他命Ａ，不只好消化，對脆弱腸胃來說也不會有負擔。**生薑是對付虛寒的特效藥**。提升因為壓力而降低的免疫力，藉此防止腹部虛寒。

這道湯品結合生薑的辣味、蒜頭的香醇、長蔥的甜味，讓味道變得更好。在鍋中調和所有食材，擁有讓人忍不住喝光的美味。

從熱氣當中傳來參雞湯獨特的香味。融合雞湯的鮮美，令人越喝越溫暖，由內而外產生熱能。

濃厚牛肉燉湯

簡單卻非常香醇，濃縮所有的牛肉精華

作法

事前準備

將牛肉薄片，從邊緣一片一片捲起來。

1 在鍋中加入洋蔥、紅蘿蔔與A，蓋好鍋蓋用大火蒸燜三分鐘。

2 加入鴻喜菇、花椰菜、捲好的牛肉片、B一起攪拌，轉中火煮五分鐘。

＊如果有浮沫要撈起來。

材料（2人份）

食材

洋蔥（切絲）	1/2 顆
牛肉薄片	150g
鴻喜菇（分小塊）	1/2 朵
花椰菜（冷凍）	8 朵
紅蘿蔔（切薄片）	1/2 根

〈蒸燜用〉

A	芝麻油	1/2 小匙
	鹽	1/2 小匙
	水	50ml

湯底

B	多蜜醬	1/2 罐
	濃縮高湯、番茄醬	1 大匙
	水	100ml

解決「萬年體寒」

溫暖身體的同時，享受鐵質的寶庫——牛肉

女性的萬年體寒，就用「濃厚牛肉燉湯」解決吧。

一年到頭都覺得體寒的人，通常是**因為貧血**才會這樣。身體處於缺氧狀態，就會出現體寒或頭暈等症狀。這個時候就輪到能擊退貧血體寒的絕佳食材——牛肉登場。牛肉富含**人體容易吸收的血紅素鐵**。與富含維他命C的花椰菜一起食用，就能提升鐵質的吸收率，也能提升體力！有效幫助改善貧血。

做這道湯的時候，先把牛肉薄片捲成滾筒狀會更美味。不只咬起來有嚼勁，外觀看起來也比較豪華，儘管是牛肉薄片也能像咬肉塊一樣，口中充滿肉汁，嚐到令人感動的美味。

只要使用市售的多蜜醬，在家裡也能輕鬆做出宛如西餐廳規格的真正燉湯，也很適合用來招待客人喔。

制作時間 5 分鐘

納豆培根濃湯

濃醇又鬆軟的新食感！

作法

1 在鍋中加入培根、洋蔥與 A，蓋好鍋蓋用大火蒸燜三分鐘。

2 加入豆漿，用中火加熱，不要煮至沸騰。加入納豆，最後用 B 調味。
盛到容器中，再放上蛋黃。

美味的祕訣

納豆經過攪拌會更加黏稠滑順。

材料（2 人份）

食材

- 納豆 —— 2 盒
- 培根（切段）—— 2 片（35g）
- 洋蔥（切絲）—— 1/2 顆

〈蒸燜用〉

A
- 菜籽油 —— 1/2 小匙
- 鹽 —— 適量
- 水 —— 50ml

湯底

B
- 沾麵醬（三倍濃縮）—— 1 大匙
- 起司粉 —— 1 大匙

- 豆漿 —— 300ml
- 有的話可以準備 蛋黃 —— 2 個

舒緩「生理痛」

滑順的「濃醇蛋黃」令人上癮

想從難受的生理痛中解脫的女性，可以利用「納豆培根濃湯」實現願望。

生理痛會因為**女性荷爾蒙失調**而惡化。納豆含有豐富的異黃酮，而異黃酮擁有類似於女性荷爾蒙的功能。再加上納豆菌生成的酵素**納豆激酶**會促進血液循環，讓**骨盆內的血液暢通**，進而舒緩生理痛。

結合納豆和豆漿，能讓這道湯品更美味。豆漿能夠中和納豆獨特的黏性與臭味，而且黃豆會帶來特有的甜味與醇厚感，讓湯品更好喝。最後，讓濃湯畫龍點睛的食材就是「蛋黃」。滑順濃醇的蛋黃與納豆交融，讓人一吃就上癮。

制作時間 5 分鐘

豬肉豆芽菜擔擔麵風味湯

大量的芝麻令人食慾倍增！

作法

1 在鍋中加入絞肉，用中火炒至表面焦黃。

2 待絞肉變色，加入A、B、水，蓋好鍋蓋用中火煮三分鐘。

3 然後加入豆漿，不要煮到沸騰，湯熱之後撒上黑芝麻。

美味的祕訣

炒至絞肉表面焦黃，湯會更香更鮮美。

材料（2人份）

食材

豬絞肉——100g

A
- 豆芽菜——2/3袋（150g）
- 油豆腐（切成2cm塊狀）——1塊
- 有的話準備 紅辣椒——1/2根

湯底

B
- 沾麵醬（三倍濃縮）——2大匙
- 酒——1大匙
- 味噌、醬油——各1小匙

水——150ml

豆漿——100ml

黑芝麻粒——1大匙

〈個人喜歡的配料〉

辣油——適量

消除「肩頸痠痛」

體寒時的特效藥：「紅辣椒」

難纏的肩頸痠痛，可以用「豬肉豆芽菜擔擔麵風味湯」解決。

肩頸痠痛的根本原因在於體寒。其實改善**體寒的特效藥就是辣椒**。辣椒素會促進血液循環，加速新陳代謝，讓血流順暢。不過，如果攝取過量，導致出汗過量會產生反效果，所以重點在於適量。另外，**豬肉的**維他命B1有助分解**導致肌肉疲勞的物質**，具有舒緩肩頸痠痛的作用。

把絞肉像牛排那樣煎得焦黃，會讓這道湯品更美味。不僅可以牢牢鎖住絞肉的鮮味，還能煮出沒有浮沫和腥味的輕透湯汁。最後加入豆漿，讓味道變得濃醇卻又很溫和。在辣味擔擔麵風的湯品中加入柔和的甜味，讓人可以毫無負擔地一口氣喝光。用豆芽菜取代麵條，就能有充足的咀嚼感了。

Column 1

聰明地吃「溫暖身體的食材」吧！

體寒是「百病之源」。不只疲勞、失眠、生理痛，還是各種疾病的成因。因此，預防體寒就是通往健康的捷徑。

防止體寒最好的方法就是「**吃溫暖身體的食物**」。這裡介紹辨別「溫暖身體的食物」的三個方法以及代表性的食材。

1 在寒冷地區採收的食材……南瓜、紅蘿蔔、洋蔥、蘋果等。

2 埋在土地裡的食材……馬鈴薯、牛蒡（根莖類）等。

3 調味料、辛香料……生薑、大蒜、蔥、胡椒等。

通常**在熱帶地區採收的食材或生物都比較寒**。攝取的時候，可以搭配溫暖的食材或者紅茶、中國茶、煎茶等發酵過的飲料。

第2章

消除「疲勞」！由內而外溫柔療癒身體，使人恢復元氣的湯品

牛奶吐司粥

微甜奶香～充滿令人懷念的營養午餐香味！

解決「胃的疲勞問題」

美味的祕訣在於「最後再蒸燜」

因為胃悶而感到不舒服的時候，建議吃能夠溫柔療癒胃部的「牛奶吐司粥」。

吐司是非常好消化的食物。停留在胃裡的時間短，能夠調整因為暴飲暴食而變得**虛弱的腸胃**。將吐司浸在牛奶裡煮，不僅容易入口也能補充能量，身體會逐漸找回活力。除此之外，牛奶也含有**保護胃黏膜**的成分。

最後「蒸燜」一下，可以讓這道湯更美味。在土司和牛奶都煮透之後，蓋上鍋蓋蒸燜五分鐘，吐司就會吸肉更多水分，變得更加蓬鬆柔軟，變成入口即化的吐司粥。按個人喜好加入能夠馬上獲得能量的蜂蜜，會讓人更有活力。溫和的甜味也會讓心靈變得平靜。

用吐司粥來減輕消化負擔，
撫慰腸胃疲勞——

材料（2人份）

食材

吐司——1片（6片裝的吐司）
牛乳——300ml

〈個人喜歡的配料〉
蜂蜜——適量

牛奶吐司粥

作法

1 吐司切邊， 然後再切成 1cm 寬的正方形。

2 在鍋中倒入牛奶， 開中火煮至鍋邊冒泡， 再加入 1 的吐司。

把吐司浸在牛奶裡

3 待吐司都浸泡到牛奶便關火，蓋上鍋蓋燜五分鐘。

蓋上鍋蓋蒸燜

美味的祕訣

切下來的吐司邊也可以按個人喜好放進去喔！

芝麻味噌蜆仔湯

充滿大海的味道和蜆仔的鮮味！

解決「宿醉」問題

肝臟疲勞的時候，就要用「蜆仔」來療癒

消除宿醉的湯品「芝麻味噌蜆仔湯」。

蜆是消除宿醉疲勞的特效藥。富含有助於分解酒精、修復受損肝臟的**牛磺酸**。結合同樣擁有療癒肝臟功能的**芝麻素**，就同時具有雙重效果了！另外，喝酒之後，會因為酒精的利尿作用，導致身體的水分和鹽分不足。飲用味噌湯，可以同時補充兩種成分，有助於消除宿醉。

從冷水開始煮出蜆的精華，就是讓這道湯更美味的祕訣。蜆的鮮味會完全融入湯汁中。沸騰後只要徹底撈起浮沫，就不會有蜆特殊的腥味，可以呈現高級日式料亭優雅的味道。煮蜆如果火太旺，會讓肉變得太硬，所以蜆只要開口就要馬上關火。如此一來就能吃到軟嫩的蜆肉喔！

宿醉就靠蜆仔的牛磺酸喚醒肝臟功能——

材料（2人份）

食材

蜆仔	1袋 （140g）
石蓴（乾燥）	2撮
研磨過的白芝麻	2小匙

湯底

味噌	味噌
水	300ml

芝麻味噌蜆仔湯

制作時間
5
分鐘

作法

事前準備

拿出蜆仔，稍微用水清洗表面。

快速清洗蜆仔的表面

用廚房紙巾撈掉浮沫

1 在鍋中加入水和蜆，蓋好鍋蓋用大中火煮至沸騰。冒出白色浮沫就要撈起來。

2 過二到三分鐘左右，蜆貝開口就要馬上關火，加入味噌。

3 在各容器內加入一撮石蓴，倒入 2，最後撒上研磨過的白芝麻。

美味的祕訣

加入研磨過的白芝麻，會讓香氣和醇厚度更加分。

秋葵梅子湯

酸爽的梅子和黏稠的口感，打造溫和的湯品

預防「中暑」

外觀和味道都清爽的「冷湯」

想要打造不怕中暑的好體質，就要喝這道「秋葵梅子湯」。

酸爽的梅子是中暑時的救世主。酸梅除了能將**肌肉中導致疲勞的物質轉化成能量**之外，也有**增進食慾**的效果，可以有效預防中暑。因為食慾不振而引起的體力、精神衰弱，都能得到舒緩。除此之外，秋葵黏稠的成分黏液素能保護胃壁以及脆弱的腸胃。梅子與秋葵的搭配，可以說是**趕走夏日疲勞的最強組合**。

切碎秋葵，讓黏液充分釋出，就是讓這道湯品更美味的祕訣。切得越碎黏液就越容易釋放，喝起來會非常順口。

清爽的白高湯加上恰到好處的梅子酸味，這道冷湯就連外表都和味道一樣清爽無比。所有食材都是可以生吃的食物，就算沒有開火，也能輕鬆端上桌。

梅子是有助恢復疲勞的食物！
還能撫慰脆弱的腸胃——

材料（2人份）

食材

秋葵（切成 5mm 的小段）……8 根
豆腐……1塊（3 塊 1 組的包裝）
烤麩……8 個

湯底

A | 濃縮高湯……1 大匙
A | 水……300ml

酸梅（去籽）……2 顆

秋葵梅子湯

制作時間
5
分鐘

作法

1 在鍋中加入秋葵、烤麩與 A，蓋好鍋蓋用大火煮。沸騰之後轉中火蒸燜三分鐘。

沸騰之後轉中火

2 用湯匙挖豆腐加入鍋中，豆腐熱了就可以關火。

用湯匙挖豆腐

3 在容器中放入酸梅，倒入 2。

美味的祕訣

按照個人喜好，一邊壓碎酸梅一邊吃。

制作時間
4
分鐘

蘋果甜酒米麴湯

溫暖的甘甜滋味讓人充滿安心感

作法

事前準備

蘋果用研磨器磨成泥。

1 在鍋中加入水、鹽、一半的蘋果泥，用中火燉煮。

2 用鍋鏟攪拌，讓食材不要沸騰。關火後再加入剩下的蘋果泥與甜酒攪拌均勻。

材料（1人份）

食材

蘋果（削皮）	1/2 顆

湯底

甜酒	1 大匙 含米麴的甜酒
鹽	適量
水	100ml

美味的祕訣

請勿加熱超過 70 度，這樣才能保留甜酒裡的酵素。

調整腸胃

蘋果泥讓湯頭更清爽！

如果想要溫和療癒腸胃，最推薦這道「蘋果甜酒米麴湯」。

俗諺說「一日一蘋果，醫生遠離我」，可見蘋果是對身體健康非常有益的水果。

蘋果的**果膠有整腸效果**，有助益菌生長，同時也會抑制壞菌繁殖。尤其是蘋果泥很好吸收，能有效對抗腹瀉。

除此之外，發酵食品甜酒的主原料**米麴**能夠調整腸內細菌的平衡，**提升免疫力**，藉由這兩種力量，就能讓痛苦的腹瀉盡快復原。

分兩次加入蘋果泥就是讓這道湯品更美味的祕訣。剛開始先讓蘋果的酸甜釋放到湯裡，關火之後再加入剩下的蘋果泥。生蘋果泥的清爽香味可以療癒身心。除此之外，透過生蘋果泥降溫，不僅能攝取鮮活的酵素，也能透過甜酒的自然甜味療癒心靈。如果有腹瀉的情形，可以毫不猶豫地選擇這道湯品。

雞里肌霜降湯

讓身體由內而外暖起來、口味溫和的湯品！

作法

1 在鍋中加入雞里肌、一半的蘿蔔泥、長蔥、水，蓋好鍋蓋用大火煮三分鐘。

2 待雞里肌熟透之後，加入剩下的蘿蔔泥，用 A 調味。

材料（1人份）

食材

雞里肌（切條）	100g
白蘿蔔（磨成泥）	150g
長蔥（斜切）	1/2 根

湯底

A	濃縮高湯	2 大匙
A	醬油	1/2 小匙
	水	300ml

美味的祕訣

使用新鮮的蘿蔔，蘿蔔泥就不會太辣。加蘿蔔泥燉煮，會讓肉變得更柔嫩。

消除胃部不適

雞里肌的鮮味令人口齒留香

你可能覺得意外，「雞里肌霜降湯」能夠有效舒緩胃部不適。

白蘿蔔是天然的消化劑。富含有助胃消化食物的澱粉酶、糖化酶等各種消化酵素。而且，雞里肌的脂肪含量少，會造成消化負擔，又含有豐富蛋白質。

白蘿蔔和雞里肌的組合，可以讓疲勞的胃得到休息，有效率地補充能量，**幫助身體順利地恢復健康**。

讓這道湯更美味的祕訣就是先加一半的蘿蔔泥和雞里肌一起煮，然後慢慢加熱。雞里肌的鮮味會慢慢釋放到湯頭中，蘿蔔泥會讓雞里肌變得更加柔嫩。最後再加入剩下的蘿蔔泥，就能保持新鮮的白蘿蔔香和口感，也能攝取到白蘿蔔的酵素。

碎豆腐豆漿鍋

入口即化，柔順香濃！

作法

事前準備
用刨刀把紅蘿蔔和白蘿蔔削成薄片。

1 在鍋中加入紅蘿蔔、白蘿蔔與水，蓋好鍋蓋用中火煮五分鐘。

2 加入 A 轉小火煮至沸騰，再加入豆腐。

材料（2 人份）

食材

紅蘿蔔、白蘿蔔（切薄片） 各 50g
嫩豆腐（切成一口大小）——1塊
水——100ml

湯底

A
豆漿——300ml
濃縮高湯——1/2 大匙
小蘇打粉——1/2 小匙

美味的祕訣

加入紅蘿蔔、白蘿蔔，就能利用根莖類的甘甜創造出新穎的豆漿鍋。

消除壓力型疲勞

入口即化的美味湯品

因為壓力感到煩躁的時候，來一碗「碎豆腐豆漿鍋」吧！

豆腐又稱為「**田中肉**」，在腸胃脆弱的時候是很好的營養源。豆腐的蛋白質吸收率高達百分之九十五。糖分和脂肪的吸收率也高達百分之九十七，是消化吸收率非常卓越的食品。除此之外，豆腐富含素有「心情穩定劑」之稱的鈣質，有助於調整因焦慮而紊亂的**自律神經**。

讓這道湯更美味的祕訣就是加入小蘇打粉之後轉小火煮。小蘇打能讓豆腐更軟嫩，讓湯品變得滑順好入口。

豆漿鍋沸騰之後，表面會有一層膜。這一層膜就是豆皮。可以一邊加熱一邊用筷子撈豆皮來吃，也可以按照個人喜好加入青菜，只要記住這個配方，即便是在身體疲勞的時候，也能輕鬆端出豆漿鍋。

山藥羹湯

滑順鬆軟又溫柔的口感！

作法

事前準備
山藥去皮磨成泥。

1 在鍋中加入 A，開中火煮。

2 沸騰之後加入山藥混合，溫度升高之後就可以關火。盛到容器裡再加上溫泉蛋。

美味的祕訣

使用市售的現成山藥泥也可以喔。

材料（2人份）

食材

山藥（磨泥）	200g
溫泉蛋	1個

湯底

A	雞湯粉	2小匙
	酒	1大匙
	水	300ml

〈個人喜歡的配料〉

海苔粉	適量

促進消化

胃最喜歡的食物就是山藥泥！

因腹脹感到身體不適的時候，我推薦溫暖的「山藥羹湯」。

山藥素有「山中鰻魚」的美譽，屬於強身健體的滋養食物。促進腸胃蠕動的**澱粉酶**、**糖化酶**，含量是白蘿蔔的三倍。山藥黏稠的成分是一種果膠，屬於不會對胃造成負擔的水溶性膳食纖維，可以保護胃壁，有助於吸收蛋白質。你可能會很意外，「攝取過多膳食纖維」也是造成腹脹的原因之一，也就是俗稱的消化不良。山藥可以**療癒脆弱的腸胃**，又能補充膳食纖維，可以說是最佳食材。

讓這道湯更美味的祕訣就是湯底選用「雞湯」。滑順的山藥泥和清爽的雞高湯很搭，能夠滲入心脾，不可思議地令人充滿力量。用海苔增添風味，再加一個溫泉蛋既能增加份量，也能夠提升飽足感！

Column 2

感覺疲憊的時候就要安撫「腸胃」

腸胃是主掌消化和吸收功能的重要臟器。腸胃疲勞會讓全身都感到疲勞，溫柔撫慰腸胃非常重要。

當你覺得有點疲憊的時候，請攝取易消化的食物。

不知道該如何選擇食材的時候，請掌握兩個原則：「**有營養又好消化**」、「**能夠保護胃黏膜**」。

推薦的食材有秋葵、高麗菜、白蘿蔔、大白菜、菠菜、豆腐、白肉魚等。這些都是煮湯的好食材。

反之，像是奶油、鮮奶油等乳脂肪含量高的食物；牛蒡、蓮藕等膳食纖維多的食物；鮮奶油蛋糕、銅鑼燒等糖分過多的食物，都會造成腸胃的負擔，所以要盡量避免攝取。

第3章

消除「肥胖」！喝了不胖反瘦的湯品

辣牛肉湯

微辣又濃醇的牛肉鮮味，令人一吃就上癮！

消除內臟脂肪

使用舞菇有效分解脂肪！

想減少內臟脂肪可以選擇「辣牛肉湯」。

舞菇是有助瘦身的代表性食材。舞菇特有的成分 MX-Fraction 可降低中性脂肪與膽固醇，**減少累積在體內的內臟脂肪**。另外還含有幫助代謝糖分的維他命 B_1 以及有助代謝脂肪的維他命 B_2。

如果想脫離代謝症候群，打造不容易囤積脂肪的易瘦體質，我非常推薦這道湯品。

讓這道湯更美味的祕訣就是融合充滿鮮味的舞菇與牛肉。牛肉的醇厚、甘甜和舞菇的獨特香氣非常搭，就像合唱團一樣互相唱和。短時間內烹煮舞菇，可以保留舞菇爽脆的口感。依照個人喜好調整辣味噌的量，就能夠輕鬆完成嗆辣又美味的精力湯。

舞菇特有的成分可以減少內臟脂肪——

材料（2人份）

食材

牛肉片 ―― 150g
雞蛋（打散）―― 1個
豆芽菜 ―― 1/2袋（100g）
舞菇（剝成一口大小）―― 1袋
芝麻油 ―― 1小匙

湯底

A | 顆濃縮高湯粉 ―― 2小匙
A | 水 ―― 300ml

烤肉醬 ―― 2大匙
蒜泥 ―― 1/2小匙

〈個人喜歡的配料〉
韭菜（切碎）―― 1/4
辣味噌 ―― 適量

辣牛肉湯

作法

制作時間
5
分鐘

事前準備
牛肉撒上分量外的鹽、胡椒。

1 在鍋中加入芝麻油，將牛肉炒香。待牛肉變色，加入舞菇、豆芽菜一起炒。

冷鍋時加入牛肉

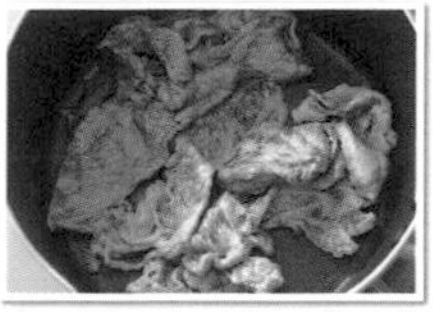
炒至牛肉變色

2 加水 A 之後開大火，水滾之後轉中火煮二分鐘，然後加入烤肉醬與蒜泥調味。
＊要撈掉浮沫。

3 煮到沸騰之後，以繞圈的方式加入蛋液，浮起蛋花之後就馬上關火。

美味的祕訣
要煮蛋花的時候，可以沿著筷子慢慢倒入蛋液，
如此一來就能煮出鬆軟的蛋花。

鰹魚高湯茶泡飯

香氣十足的鰹魚與高湯，鮮味更上一層樓！

養成易瘦「美肌」體質

吃「鰹魚」讓妳又瘦又美

我推薦想要瘦得漂亮的女性吃「鰹魚高湯茶泡飯」。

鰹魚是**「天然的美容食品」**。每一百克就含有二十五克的優良蛋白質，這種蛋白質也是形成皮膚細胞的原料。只要吃五片鰹魚生魚片，就能補充半天份量的蛋白質。除此之外，**鰹魚還是打造美麗基地所需要營養素寶庫**，富含讓臉色紅潤的鐵質、維他命A、維他命B群、維他命D以及鈣質。尤其是四十歲以後容易因為營養不足而急速衰弱，鰹魚就是備餐時的必要食材。

讓這道湯更美味的祕訣就是使用新鮮的生鰹魚。將魚皮稍微炙烤之後的香味，加上大量的紫蘇葉、薑泥、辛香料，就能做出非常美味的茶泡飯。

最後加上一顆生蛋黃。用筷子戳破，流出的濃醇蛋黃搭配鰹魚肉和白飯，令人口中充滿幸福感。

利用鰹魚豐富的回春成分，
漂亮瘦身吧！——

材料（1人份）

食材

生鰹魚——6片
白飯——1碗
蛋黃——1個
紫蘇葉（切碎）——2片

〈個人喜歡的配料〉
芝麻——1小匙
薑泥——適量

湯底

濃縮高湯——1大匙
水——150ml

鰹魚高湯茶泡飯

作法

制作時間
5
分鐘

事前準備

把紫蘇葉捲起來切。然後其他高湯食材混合在一起。

從葉片尖端開始切紫蘇葉

1 在白飯上面呈放射狀排列鰹魚片。

鰹魚片呈放射狀排列

2 正中間放上蛋黃，撒上芝麻粉，以繞圈的方式淋上高湯。

美味的祕訣

天氣冷的時候，可以加熱高湯之後再淋上去。

微辣豬五花高麗菜湯

筷子想停都停不下來！
大蒜的鮮味讓人增加食慾！

解決「暴飲暴食」的問題

重點在於「大量」使用高麗菜

暴飲暴食的隔天，推薦吃「微辣豬五花高麗菜湯」。

高麗菜是會讓女性開心的「**抵銷食物**」。過食的隔天只要喝這道含有大量高麗菜的湯，就能用膳食纖維填滿肚子，也可以改善排便問題。吃太多零食、過高的食欲等問題都能靠高麗菜解決。高麗菜中富含維他命U，除了能夠**修復因過食而變脆弱的胃黏膜**，還有維他命C能幫助肝臟恢復疲勞。

讓這道湯品更美味的祕訣就是大量使用高麗菜。高麗菜只要稍微煮一下，體積就會瞬間減少，還會大量吸收豬肉的鮮美精華，讓人吃個不停。

想要更清爽的湯頭，可以加入檸檬片。檸檬釋放清爽的香味，一吃就上癮。

前一天吃太多就用高麗菜來抵銷吧！
有助減少攝取過剩的卡路里喔——

材料（2人份）

食材

高麗菜（隨意切）—— 4片（200g）
豬肋肉 —— 100g
蒜泥 —— 1小匙

湯底

A | 濃縮高湯、酒 —— 各2大匙
水 —— 300ml

〈個人喜歡的配料〉
切碎的辣椒、檸檬片 —— 各適量

微辣豬五花高麗菜湯

制作時間
9
分鐘

作法

1 在鍋中加入高麗菜、豬肋肉與 A。

2 蓋好鍋蓋用中火煮八分鐘，把高麗菜煮軟。

豬肋肉攤開來放進鍋中

高麗菜用剪刀剪成寬四公分左右的大小

美味的祕訣

加入大量的高麗菜，湯頭會更甜。

制作時間
6
分鐘

越式風味湯

獨特的香菜風味，越來越多人一吃就上癮！

作法

事前準備

洋蔥切絲，過水之後用廚房紙巾擦乾水分。

1 在鍋中加入 A 與綠豆芽開大火煮。水滾之後加入牛肉，快速加熱之後撈去浮沫。

2 盛到容器中，放上洋蔥絲和香菜。

材料（2 人份）

食材

牛肉薄片	100g
綠豆芽	1/2 袋
洋蔥（切絲）	1/4 顆
香菜	1 把

湯底

A	雞湯粉	1 小匙
	魚露	1/2 大匙
	水	300ml

排出「老廢物質」

香菜具有「卓越的排毒效果」！

「充滿亞洲風情的越式風味湯」有助排除老廢物質。

香菜是最具代表性的**排毒香草**。具有排除堆積在體內的毒素和老廢物質的「**螯合作用**」。將體內不需要的東西排出體外就是減重的基礎。排出不需要的物質，提升代謝能力，全身的血液循環與淋巴循環都會變好，**累積的疲勞與倦怠感也隨之一掃而空**。

讓這道湯品更美味的祕訣就是大量使用「香菜」。香菜特有的亞洲風味，在入口的瞬間整個擴散開來，讓人有一種開啟排毒開關的感覺。

牛肉變色之後可以先撈起來，待湯頭沸騰撈起浮沫，任何人都能品嘗到餐廳般的優雅越南風味。

制作時間 8 分鐘

凍豆腐蔬菜湯

充滿根莖類蔬菜的溫和甜味與鮮味！

作法

1 在鍋中加入紅蘿蔔、白蘿蔔、牛蒡與 A，蓋好鍋蓋用大火蒸燜三分鐘。

2 加入 B、凍豆腐，蓋上鍋蓋轉中火煮五分鐘，把食材都煮軟。

〈個人喜歡的配料〉
七味辣椒粉、青蔥花 —— 各適量

材料（2 人份）

食材

凍豆腐（切成一口大小）—— 8 塊
紅蘿蔔 1/3 根、白蘿蔔 —— 4cm
（切成扇形薄片）共計 100g
共計 100g —— 50g

〈蒸燜用〉

A
- 水 —— 50ml
- 芝麻油 —— 1/2 小匙
- 鹽 —— 適量

湯底

B
- 濃縮高湯 —— 1 大匙
- 酒 —— 1 大匙
- 水 —— 300ml

防止老化

為什麼「喝湯就能瘦」？

喝了就能瘦身又回春的湯品「凍豆腐蔬菜湯」。

凍豆腐是超級食物，**含有豐富的皂素，能夠抑制促使老化的過氧化脂質**。除此之外，還富含養育新皮膚細胞並滋潤細胞的鋅以及生成細胞的蛋白質。

另外，讓骨骼重返青春的鈣含量也是第一名。每天吃一塊，就能輕鬆讓人擁有年輕幼苗條的身材。

讓這道湯品更美味的祕訣就是一開始的時候先蒸燜根莖類蔬菜。紅蘿蔔、白蘿蔔獨特的土味會轉為香醇，蔬菜的甜味也會更明顯。吸飽充滿鮮味的湯汁，凍豆腐會變得更美味。

只要咬一口，蔬菜的精華就會釋放出來，這是一道無論男女老少都會喜歡的湯品。

鯖魚大白菜芝麻柑橘醋湯

既清爽又醇厚，令人上癮的好味道！

作法

1 在鍋中加入鯖魚罐頭、大白菜、酒、芝麻油，蓋好鍋蓋用中火蒸燜六分鐘。

2 加入水轉大火，煮至沸騰後關火加入 A。

美味的祕訣

怕酸的人可以減少柑橘醋的用量。

材料（2人份）

食材

水煮鯖魚罐頭	1罐
大白菜（寬 3cm）	1/8 顆
酒	3 大匙
芝麻油	1/2 大匙

湯底

A	柑橘醋	2～3 大匙
	柚子胡椒	1/2 小匙
水		300ml

〈個人喜歡的配料〉

炒過的芝麻	適量

解決「更年期肥胖」

四十歲之後「享受湯品的方式」也會改變

防止更年期肥怕就靠「鯖魚大白菜芝麻柑橘醋湯」。

鯖魚是更年期女性的救星。鯖魚的脂肪富含女性需要的EPA和DHA。尤其是EPA可以減少壞膽固醇與中性脂肪，使因為脂肪變得黏稠的血液恢復清澈。除此之外還能舒緩更年期經常出現的焦躁、**壓力**，有助保持情緒穩定，還能幫助**燃燒脂肪**。

讓這道湯品更美味的祕訣就是用柑橘醋做最後的提味。清爽的柑橘香味和鯖魚的油脂很搭。軟嫩的清甜白菜，讓整體味道呈現絕妙的平衡感。

只要連鯖魚罐頭的湯汁都一起用，就不需要另外加調味料。鯖魚的鮮味與恰到好處的鹽分，不需要花太多時間就能打造出非常美味的湯品。

制作時間 5 分鐘

蝦仁豆腐酸辣湯

酸酸辣辣又充滿蝦子的鮮甜！

作法

1 在鍋中加入所有食材，蓋好鍋蓋用大火煮。

2 水滾之後轉中火，快煮三分鐘，直到蝦子變色為止。

美味的祕訣

蝦子一變色就關火，口感會更有彈性。

材料（2人份）

食材

冷凍蝦仁 —— 100g
豆腐（切成 2cm 塊狀）—— 1塊
＊3 塊 1 組的包裝
金針菇（切段）—— 1/2 袋

湯底

雞湯粉、醬油、酒、醋、
芝麻油 —— 各 1/2 大匙

〈個人喜歡的配料〉
青蔥花、辣油 —— 適量

減少皮下脂肪

令人上癮的酸香美味！

一口氣提升新陳代謝的「蝦仁豆腐酸辣湯」。

蝦子一直以來都是「長壽的象徵」。低脂肪高蛋白，對隨年紀增長代謝變差的身體來説是非常好的食物。蝦子的紅色色素——**蝦紅素具有強大的抗氧化效果**。胺基酸之一的甜菜鹼讓脂肪代謝更加順暢。除此之外，還含有高濃度的膠原蛋白，能夠促進皮膚的新陳代謝，**讓人瘦得健康又漂亮**。

讓這道湯品更美味的祕訣就是把醋加熱。醋稍微加熱之後，味道會變得更突出、更有層次。這樣的酸味讓人一吃就上癮，也是煮酸辣湯時的一大訣竅。

最後加上辣油，就能完成微辣又充滿各種風味的湯品。令人喝了之後心情也隨之開朗起來。

制作時間
2
分鐘

梅子海帶芽速食湯

日本的經典味道，清爽的梅子味撫慰人心！

作法

1 在碗中加入所有食材，蓋上蓋子。海帶芽泡開之後，請充分攪拌。

材料（1人份）

食材

乾燥海帶芽 —— 1/2 大匙
酸梅 —— 1顆
柴魚（袋裝）—— 2 大匙
熱水 —— 150ml
醬油 —— 1/2 小匙

美味的祕訣

也可以加入自己喜歡的蘿蔔乾、烤麩、寒天絲、海苔碎、香菇乾等食材。

消除腹部脂肪

享受海帶芽卓越的均衡營養

想消除腹部脂肪的時候，我推薦喝「梅子海帶芽速食湯」。

海帶芽是代表性的健康食品。擁有均衡的營養，又能瘦小腹。富含碘質，可以促進新陳代謝，活化細胞。有助燃燒脂肪的褐藻素能夠燃燒脂肪細胞，以體溫的形式釋放出去。

讓這道湯品更美味的祕訣在於結合酸梅與海帶芽。梅子的酸味勾起食慾，咀嚼大量的海帶芽，讓口中充滿酸甜又清爽的香味。

最後加入「柴魚」，讓湯的香味和鮮味倍增，湯頭變得更優雅有層次。除此之外，也會增家飽足感，喝一碗就能滿足，可以說是廣受瘦身女性喜愛的即食湯品。

制作時間 6 分鐘

中式玉米濃湯

濃醇滑順，再加上甜甜的玉米粒！

作法

1 在鍋中加入所有食材，蓋好鍋蓋用大火煮。

2 水滾之後轉中火，把雞絞肉壓碎，煮四分鐘左右。

材料（2人份）

食材

雞絞肉	100g
長蔥（切小段）	1/4 根
薑泥	1 小匙

湯底

奶油玉米	1 罐（200g）
雞湯粉	1/2 大匙
水	150ml

美味的祕訣

待湯沸騰之後再壓碎雞絞肉，湯就不會變得混濁。

提升新陳代謝

無論如何都「瘦不下來」怎麼辦？

體重遲遲無法減輕食的救星——「中式玉米濃湯」。

玉米是絕佳的整腸食物。腸道環境是吸收營養的關鍵，玉米豐富的膳食纖維有助整腸，能夠**改善排便**情形。除此之外，富含促進過剩糖分與脂肪代謝的維他命B_1、B_2，在加成效果之下**改善停滯的新陳代謝**，藉此預防肥胖。而且，玉米又是擁有主食等級能量的珍貴蔬菜。因為飲食限制而感覺營養不足、遲遲瘦不下來的人，我非常推薦吃玉米。

讓這道湯品更美味的祕訣就是結合玉米與雞絞肉的搭配。甜甜的玉米粒加上絞肉的醇厚，兩者的鮮味非常協調，就算沒有加牛奶也可以煮出濃郁的湯頭。加入薑泥可以添加層次感，也能讓身體暖和起來。早上容易覺得冷、沒有元氣的人，這道充滿營養的湯品非常適合當作早餐享用。

Column 3

女人四十歲之後如何「瘦得漂亮」？

四十歲之後想要瘦得漂亮，**防止「糖化」和「氧化」**非常重要。

糖化就等於「身體燒焦」。因為新陳代謝變慢，導致血液中的糖分和蛋白質結合，讓細胞劣化。防止醣化的重點在於進食的順序。按照「①蔬菜、菇類↓②肉類、魚類↓③碳水化合物」的順序進食，能減緩血糖上升的幅度，效果非常顯著。

氧化就等於「身體生鏽」。當體內有過多活性氧的時候，蛋白質和脂肪會氧化，使得細胞的活性變弱。我們可以透過攝取**抗氧化能力強的營養素**來對抗氧化。我推薦的食材如下：

「β-胡蘿蔔素」紅蘿蔔、南瓜。「維他命C」檸檬、青花椰菜、小松菜。「維他命E」南瓜、沙丁魚。「多酚」黃豆、紅酒。

第
4
章

消除「便祕」！調整腸道機能的湯品

青花椰菜咖哩湯

快速又美味，用味噌幫咖哩提味！

改善排便狀況

聰明應用膳食纖維的力量

女性永遠的煩惱之一就是便祕。其實便祕的成因很多。因此，本章要介紹有效消除不同症狀便祕的湯品。

首先是消除下腹鼓脹的「青花椰菜咖哩湯」。青花椰菜含有能夠改善排便狀況的**膳食纖維**，而且內含量是**蔬菜中的前幾名**。除了有**美肌效果的維他命A、維他命C**之外，也有**幫助肌膚血液循環的鐵質**，稱得上是超級蔬菜。

讓這道湯品更美味的祕訣就是用味噌提味。在辣辣的咖哩裡面加入味噌，融合味噌獨特的味道和香醇，就算沒有肉也很好吃。再加上與味噌很搭的油豆腐，份量就非常足夠了。最後加入寒天絲，增添Q彈的口感，豐富多樣的味道讓人一吃就忍不住浮現笑容。

用青花椰菜改善排便狀況，
讓你瘦小腹！——

材料（2人份）

食材

青花椰菜（冷凍）1/2袋（100g）
油豆腐（切成2cm塊狀）1塊
寒天絲 4把

湯底

A
咖哩粉 1小匙
濃縮高湯 1大匙
水 300ml

味噌 1大匙

青花椰菜咖哩湯

作法

制作時間
5
分鐘

1 在鍋中加入青花椰菜、油豆腐與 A，蓋好鍋蓋用中火煮三分鐘。

2 關火加入味噌攪拌均勻，最後加入寒天絲。

加入咖哩粉，使粉末充分溶解

把寒天絲完全浸泡在湯汁裡

美味的祕訣

加入味噌與高湯，就能製作出清爽又美味的和風咖哩湯。

滑菇明太子山藥鍋

山藥泥鬆軟的口感令人欲罷不能

消除腸道髒污

美女為什麼連腸子都美？

腸道乾淨的人，肌膚也會很好。這裡要介紹的是越吃皮膚越漂亮的「滑菇明太子山藥鍋」。

滑菇是「整腸的萬能菇類」。滑菇表面黏稠的成分就是**果膠**，果膠充滿水分，具有**軟便效果**，增加有益的乳酸菌，讓腸內環境變得更好。除此之外，滑菇會吸附腸道內的有害物質，然後隨糞便一起排出體外。

讓這道湯品更美物的祕訣在於從冷水開始燉煮滑菇。滑菇的鮮味會隨溫度上升而釋出。滑菇的鮮味就是這道湯品的基底。只要從冷鍋時加入滑菇，味道就會變得更鮮甜。最後加入辣明太子。微辣的明太子在口中跳動，會讓人心情愉快。明太子與山藥泥的組合也是絕配。

整腸效果滿分！用滑菇打造美肌——

材料（2人份）

食材

絹豆腐……1塊（150g）
＊3塊1組的包裝

滑菇……1袋

A
- 山藥泥（冷凍）……100g
- 明太子（去除薄膜）……1腹

湯底

B
- 濃縮高湯……1大匙
- 水……300ml

〈個人喜歡的配料〉

青蔥花……適量

滑菇明太子山藥鍋

作法

1 在鍋中加入絹豆腐與 B，蓋好鍋蓋開中火煮。

小心不要滿出來

2 水滾之後加入 A。

美味的祕訣

明太子用保鮮膜包一圈，再以菜刀切掉尾端，最後用手把魚卵擠出來。

番茄豬肉辣豆醬湯

加入魔法粉末，品嚐正宗辣味！

作法

1 在鍋中加入黃豆粉一大匙與所有食材一起攪拌。蓋好鍋蓋用中火煮五分鐘。

2 加入剩下的黃豆粉攪拌均勻。

材料（2人份）

食材

番茄肉醬罐頭	1/2 罐（200g）
綜合豆罐頭	1 罐（110g）
鴻喜菇（分小塊）	1 袋
黃豆粉	2 大匙
水	200ml

〈個人喜歡的配料〉

TABASCO 辣椒醬、咖哩粉 各適量

美味的祕訣

利用香氣十足的黃豆粉，就能快速完成辣豆湯。

調整腸內環境

充滿大量「擁有整腸效果的食材」！

如果想調整腸胃狀況，我推薦「番茄豬肉辣豆醬湯」。

綜合豆是整腸食物，**含有現在廣受矚目的成分——抗解澱粉**（Resistant Starch）。抗解澱粉會直達大腸，不會被消化酵素分解，成為腸內細菌的食物。除了能保持腸內細菌平衡之外，也有吸收膽固醇併排出體外的作用。

當你覺得肚子不太舒服的時候，**請務必試試看這道湯**。

讓這道湯更美味的祕訣就是使用黃豆粉。黃豆粉加上市售的番茄肉醬罐頭，就會不可思議地創造出「辣豆醬」的味道。不但濃醇香，味道又很有層次！豆類和豬肉的鮮味很足，是一道非常美味的湯品。最後加上幾滴 TABASCO 辣椒醬，就會有刺激性的辣味與酸味，營造出正宗墨西哥風味。善用辣椒的力量，讓身體熱起來。

制作時間 9 分鐘

海鮮什錦風味湯

濃縮食材的鮮味，打造醇厚湯底！

作法

事前準備

蒟蒻絲瀝乾水分，切成易入口的大小。

1. 在鍋中加入豆芽綜合蔬菜與A，蓋好鍋蓋用大火蒸燜三分鐘。

2. 加入綜合海鮮、蒟蒻絲與B，轉中火煮五分鐘。然後加入味噌、豆漿調味。

材料（2人份）

食材

豆芽綜合蔬菜	100g
冷凍綜合海鮮	100g
蒟蒻絲	1袋（180g）＊不須事先汆燙

〈蒸燜用〉

A	水	50ml
	芝麻油	1/2 小匙
	鹽	適量

湯底

B	濃縮高湯	1大匙
	水	200ml

味噌	1大匙
豆漿	100ml

調整排便節奏

聰明又美味地享用蒟蒻麵

排便次數過少的時候，我推薦吃「海鮮什錦風味湯」。

排便不順通常是因為壓力引起的自律神經失調。或許是大腸過度緊張，導致排便節奏被打亂。這種時候就要交給「腸道掃帚」蒟蒻絲來搞定。蒟蒻絲的原料蒟蒻含有葡甘露聚醣這種水溶性膳食纖維，不僅對大腸的刺激性低，還能吸附腸內毒素和有害物質，促進腸道順利排便。

讓這道湯品更美味的祕訣就是結合海鮮與豆漿。充滿鮮味的魚貝類與豆漿的滑順口感很搭，令很多人一吃上癮。而且，能夠取代麵條，低糖低卡路里的蒟蒻吃了也不用怕胖，在海外也大受歡迎。

這是一道能夠讓女性放心吃的湯品。

＊蒟蒻也不能吃太多，有可能會吸走過多水分，導致糞便過硬。

酪梨西班牙冷湯

入口即化，酪梨的全新口感！

作法

1 在容器中加入番茄、酪梨、黃甜椒，加入 A 攪拌均勻。

用鹽和胡椒調味，再淋上橄欖油。

美味的祕訣

用番茄汁和醋打造清爽風味。

材料（1 人份）

食材

番茄（切 2cm 小塊）——中 1/2 顆
酪梨（切 2cm 小塊）——1/2 顆
黃甜椒（切 2cm 小塊）——1/6 顆

湯底

A | 無鹽番茄汁——150ml
醋——各 1 小匙

〈個人喜歡的配料〉
鹽、胡椒、橄欖油——適量

消除頑強便祕

酪梨對女性有好處的原因

壓力有可能造成頑強便祕。這種時候請試試看「酪梨西班牙冷湯」。

酪梨是對女性非常友善的食材。營養非常豐富，又被稱為「森林中的奶油」。除富含油酸這種「不飽和脂肪酸」，能夠促進因壓力而減弱的腸胃蠕動之外，還含有能夠**舒緩不安與緊張的色胺酸**。而且酪梨中具有軟便效果的水溶性纖維和有助增加糞便體積的不溶性膳食纖維剛好是**完美比例**。酪梨中的維他命種類非常豐富，對便祕引起的膚況不佳很有幫助。

讓這道湯品更美味的祕訣就是使用熟透的酪梨。帶酸味的番茄冷湯底加上入口即化的酪梨、爽脆的甜椒，讓人越吃越充滿元氣。

使用沾麵醬提味，就能用和風的味道療癒身心。

制作時間 5 分鐘

石蓴奶油蜆仔湯

奶油與大海的香氣，療癒身心的好味道！

作法

1 在鍋中加入石蓴、奶油以外的食材，蓋好鍋蓋用中火煮。

2 水滾之後關火，把湯倒進容器中。最後加上石蓴與奶油。

材料（2人份）

食材

蜆肉罐頭	1罐
石蓴（乾燥）	4大匙
長蔥（切小段）	1/2根
薑泥	1小匙

湯底

濃縮高湯、酒	各1大匙
水	300ml

奶油	1小匙

美味的祕訣

奶油與蜆肉是絕配，能夠增添風味和醇厚度。

每天早上都能排便順暢

早餐就充滿「海味」！

想要順利排便的時候，我推薦「石蓴奶油蜆仔湯」。

奶油是「**緩解便祕的特效油脂**」。有便意但遲遲排不出來的時候，奶油可以舒緩這種痛苦的狀態，讓排便順暢。關鍵在於**奶油的油酸**，具有促進腸道蠕動的功能，將累積在腸道內的糞便導向出口。另外，石蓴的膳食纖維會增加糞便的體積，調整排便狀況，改善下腹部沉重的不適感。

讓這道湯品更美味的祕訣就是加入石蓴。濃醇的蜆肉精華再加上石蓴，讓大海的味道充滿湯頭之中，讓鮮味更上一層樓。最後加入奶油，能夠消除海藻獨特的腥味，讓湯頭的味道變得更濃醇、豐富，做出一碗令人滿足又美味的湯品。

制作時間 3 分鐘

沖泡蘿蔔乾味噌湯

加入熱水就完成令人懷念的好味道！

材料（2人份）

食材

蘿蔔乾	1把（10g）
香菇乾（切片）	1大匙
魩仔魚乾	1小匙
味噌	1大匙
熱水	200ml

〈個人喜歡的配料〉

芝麻粉	1小匙
青蔥花	適量

作法

1 在容器中加入所有食材並蓋上蓋子。乾燥食材泡開之後攪拌均勻就完成了。

美味的祕訣

蘿蔔乾和香菇乾可以取代濃縮高湯。

擁有乾淨的腸道

日本的發酵食品果然不負眾望！

「沖泡蘿蔔乾味噌湯」是一道夢幻湯品，讓腸道每天都清爽乾淨。

味噌是**「乳酸菌的寶庫」**，也是自古以來就守護日本人健康的代表性發酵食品。富含腸內益菌愛吃的植物性乳酸菌。加入經典的乾貨蘿蔔乾與香菇乾，就能同時攝取有助增加益菌的不溶性膳食纖維與乳酸菌，可謂一石二鳥。

養成每天喝一碗味噌湯的習慣，可以改善慢性便祕。

讓這道湯品更美味的祕訣就是使用乾貨。使用濃縮食物鮮味的蘿蔔乾與香菇乾，只需要倒入熱水，就能釋放鮮味和甘甜，完全不需要濃縮高湯！這道湯品味道豐富，讓人很難想像是速食湯。最後按照個人喜好加入芝麻粉，芝麻的香氣能夠減輕乾貨特有的澀味、苦味，讓湯頭更好入口。

Column 4

能夠調節女性荷爾蒙的食材

家事、育兒、工作……每天過著忙碌的生活，不知不覺中就會累積壓力，容易導致賀爾蒙失調。在此介紹兩個祕訣，幫助各位在這樣忙碌的生活中保持一定的身體規律。

1 多吃對女性有益的「豆類」

黃豆製品含有豐富的異黃酮，而異黃酮具有類似女性荷爾蒙的功效。豆腐、納豆、毛豆、紅豆……可以用不同吃法，積極攝取這類食物。

2 多吃對女性有益的超級食物「雞蛋」

雞蛋是能夠輕鬆攝取的「完美營養食品」。平常可以買一盒雞蛋，做四顆水煮蛋、三顆溫泉蛋放在冰箱備用，要吃的時候就很方便。

第5章

擊退「老化」！讓皮膚、秀髮回春的湯品

濃厚南瓜濃湯

不需要西式濃縮高湯粉也能做出濃醇口感
享受天然的甘甜滋味！

肌膚光滑有彈性

享用鬆軟美味的南瓜

想要擁有光滑肌膚的人，我建議喝「濃厚南瓜濃湯」。南瓜是「最佳美容食物」。南瓜含有**能夠打造美肌的抗氧化維他命ACE**，有助消除老化的根源——活性氧。

維他命A可以保持皮膚水潤，維他命C能生成保持肌膚彈性不可或缺的膠原蛋白，再加上促進血液循環的維他命E，三大力量由內而外**讓女性變得更美麗**。

讓這道湯品變得更美味的祕訣就是把南瓜煮到鬆軟。用湯匙壓碎南瓜肉，南瓜天然的甜味就會釋放到湯頭之中，打造出滑順濃醇的味道。加入雞肉一起煮能夠增添口感，大人小孩都滿足。這份食譜不需要加入麵粉，也不需要用到食物調理機，忙碌的女性也能輕鬆製作。

南瓜是最佳食材！
富含美肌元素「維他命 ACE」——

材料（2 人份）

食材

南瓜（冷凍熟食）——6 塊（150g）
雞腿肉（切成一口大小）——100g
洋蔥（切絲）——1/2 顆
鴻喜菇（分小塊）——1/4 袋

湯底

濃縮高湯——1 小匙
鹽麴——1/2 大匙
水——300ml

濃厚南瓜濃湯

作法

制作時間
7
分鐘

1 在鍋中加入所有食材，蓋好鍋蓋用大火蒸燜五分鐘。

加入全部食材煮至沸騰

使用市售的鹽麴很方便

美味的祕訣

如果使用新鮮南瓜，先切成 1 ～ 2cm 厚再煮。

海苔波菜湯

輕柔的大海香氣在口中化開！

就算只有一片，海苔的滋養效果也很驚人

想養成清透亮的好肌膚，就要喝「海苔波菜湯」。

海苔是「吃的美容精華」。**一天只要吃一片，就能攝取美肌需要的營養成分**。海苔富含打造清透美肌必要的維他命、蛋白質、鐵質。其中，有助肌膚再生、防止老化的**維他命B_2含量是鰻魚的四點八倍**。預防斑點、雀斑生成的維他命C含量是檸檬的兩倍。靠營養豐富的海苔力量，就能養成漂亮清透的肌膚。

讓這道湯品更美味的祕訣就是使用整片海苔。大海的香味在湯頭中釋放，和柔軟的波菜也很搭。口感溫和，能夠緩緩療癒疲憊的身體，由內而外湧現活力。最後加入幾滴芝麻油，就能增添香氣，讓人更有食慾，氣色也會越來越好。

善用海苔的礦物質消除暗沉，
讓肌膚提亮一個色階——

材料（2人份）

食材

絹豆腐（切2cm小塊）——1塊
*3塊1組的包裝
烤海苔（揉碎）——1片
菠菜（冷凍）——60g

湯底

A
水——300ml
雞湯粉——1/2大匙
蠔油——1/2小匙

〈個人喜歡的配料〉
芝麻油——適量

海苔波菜湯

作法

制作時間
4
分鐘

1 在鍋中加入菠菜與 A，蓋好鍋蓋用大火煮。

冷凍菠菜不須退冰直接加入鍋中

2 水滾之後轉中火，加入絹豆腐、烤海苔煮二分鐘，然後依個人喜好淋上芝麻油。

海苔放在塑膠袋裡面揉碎

美味的祕訣

海苔稍微烤過之後放在塑膠袋裡揉碎，就能提升風味。

簡單的美顏西式燉湯

用大塊蔬菜溫暖身體！

作法

1 用耐熱容器裝紅蘿蔔，用保鮮膜蓋好，放進微波爐（600W）加入五分鐘。

2 在鍋中加入剩下的食材，蓋好鍋蓋用中火煮八分鐘，中途加入1。

材料（2人份）

食材

雞翅膀——4支
綜合蔬菜（水煮）——1袋（300g）
紅蘿蔔（切四等分）——1根
西式濃縮高湯粉——1/2大匙
沾麵醬（三倍濃縮）——1/2小匙
水——300ml

〈個人喜歡的配料〉
鹽、胡椒——各適量
無糖優格——1大匙

美味的祕訣

微波爐和湯鍋同時操作可以加快料理速度。

擊退斑點和皺紋

一根紅蘿蔔就有回春的效果！

眼周的小細紋和斑點令人在意時，可以喝「簡單的美顏西式燉湯」。紅蘿蔔是**黃綠色蔬菜之王**。吃一根紅蘿蔔就能補充一天所需的維他命A，而維他命A又是打造美肌的營養素，所以紅蘿蔔可以說是非常優秀的蔬菜。維他命A能夠讓**肌膚透亮有彈性**，還能**消除造成皺紋和斑點的活性氧**。除此之外，吃雞翅和馬鈴薯可以攝取讓肌膚有彈性的膠原蛋白以及維他命C。

讓這道湯品更美味的祕訣就是使用雞翅。雞翅的濃醇滲入蔬菜之中，鮮甜美味讓人想喝到一滴不剩。使用切大塊的紅蘿蔔，外觀看起來也很豪華。微波過的紅蘿蔔非常柔軟，讓人不覺得只燉煮五分鐘，輕輕鬆鬆就能做好一道美味的美肌西式燉湯。

漁夫沙丁魚番茄湯

濃縮各種海鮮的好味道！

作法

1 在鍋中加入洋蔥與 A，蓋好鍋蓋用大火蒸燜三分鐘。

2 加入剩下的食材，用中火燉煮六分鐘左右。

材料（2 人份）

食材

沙丁魚水煮罐頭 —— 1 罐（帶湯汁）
番茄罐頭 —— 1/2 罐（200g）
洋蔥（切絲）—— 1/2 顆
蒜泥 —— 2 小匙

〈蒸燜用〉

A
水 —— 50ml
橄欖油 —— 1/2 小匙
鹽 —— 適量

湯底

西式濃縮高湯粉 —— 2 小匙
酒 —— 2 大匙
水 —— 200ml

如果有的話可以準備
黑胡椒、巴西利葉 —— 各適量

完整使用整個沙丁魚罐頭就是回春的祕訣

如果越來越健忘，我推薦吃「漁夫沙丁魚番茄湯」。

沙丁魚是**讓大腦和身體回春的必備食材**。沙丁魚富含DHA，可以活化大腦的神經細胞，讓資訊傳導變得順暢、提升記憶力，除了促進代謝菸鹼酸之外，還能同時攝取組成骨骼的鈣質，是**對女性有益的魔法食物**。

使用沙丁魚罐頭，就能輕輕鬆鬆連魚骨都吃下去，完整吸收營養。讓這道湯品更美味的祕訣就是使用整個沙丁魚罐頭。罐頭裡的湯汁充滿沙丁魚的鮮味，鹽分也恰到好處，不需要另外調味。搭配番茄罐頭，就能輕鬆做出源自於法國馬賽的人氣漁夫料理。如果再加上烤得金黃的蒜味吐司塊，就能讓這道湯看起來更豪華。

制作時間 5 分鐘

微辣冬蔭功湯

酸酸辣辣，鮮甜辣味令人著迷！

作法

1 在鍋中加入小番茄以外的所有食材，蓋好鍋蓋用大火煮。

2 水滾之後轉中火煮二分鐘，直到海鮮變色。

美味的祕訣

蝦肉變紅就馬上關火。

材料（2人份）

食材

冷凍綜合海鮮	80g
杏鮑菇（切薄片）	1袋
小番茄（分小塊）	8顆

湯底

檸檬汁、味醂、魚露	各2小匙
薑泥	1/2小匙
水	300ml

〈個人喜歡的配料〉

切碎的辣椒、辣油	各適量

全身都能回春

充分引出海鮮的鮮味

想要全身都回春，就要喝「微辣冬蔭功湯」。

綜合海鮮就是美容成分的寶庫。花枝除了含有保持肌膚彈性的膠原蛋白，還有**防止老化**的葡萄糖酸，花蛤則含有生成膠原蛋白的鋅、蛋白質和鐵。除此之外，蝦的蝦紅素具有超強**抗氧化**效果，能夠擊退讓肌膚老化的活性氧。充滿大海精華的綜合海鮮就是**女性的救星**。

讓這道湯品更美味的祕訣就是引出海鮮的鮮味。花枝、章魚、貝類從冷水開始煮到變色，鮮味就會釋放到湯頭裡面，食材也會Q彈軟嫩。

辣椒的辣味和魚露獨特的香氣，讓你在家也能輕鬆吃到廣受大眾歡迎的湯品。

鮭魚玉米回春湯

豆漿和味噌是絕配！調配出濃醇香的美味

作法

1 在鍋中加入豆漿以外的所有食材，蓋好鍋蓋用大火煮。

2 水滾之後轉中火煮三分鐘左右。然後加入豆漿，加熱但不要煮到沸騰。

〈個人喜歡的配料〉
奶油、芝麻粉 —— 適量

材料（2人份）

食材

生鮭魚（切成一口大小）—— 2片（140g）＊去骨
菇類（鴻喜菇、金針菇切成一口大小）—— 各100g
玉米水煮罐頭 —— 2大匙
長蔥（斜切）—— 1/2根

湯底

豆漿 —— 200ml
味噌 —— 1大匙
雞湯粉 —— 1/2大匙
水 —— 100ml

有效預防眼睛疲勞

鮭魚就是最好的抗老食材！

預防眼睛疲勞的終極菜單就是「鮭魚玉米回春湯」。

鮭魚是「**最佳回春食材**」。富含擁有超強抗氧化能力的蝦紅素，能夠保護乾燥的眼球黏膜；生成眼角膜與視網膜，能夠提升機能的維他命A；改善視覺神經、肌肉疲勞的維他命B群；細胞再生不可或缺的核酸。而玉米擁有豐富的葉黃素，能夠預防眼睛老化。眼睛是唯一一個會暴露在外部的臟器，鮭魚玉米回春湯就是保護眼睛的最佳菜餚。

讓這道湯品更美味的祕訣就是加入玉米。玉米獨特的甘甜與顆粒的口感，會增添湯品的層次，每一口都變得更加美味。吃的時候可以隨個人喜好加入奶油。奶油的香味會減弱鮭魚獨特的魚腥味，也會讓口感更豐富。

鮪魚番茄冷湯

鮮味滿滿！溫和的豆漿風味！

制作時間 9 分鐘

作法

1 在鍋中加入洋蔥、蒜泥與 A，蓋好鍋蓋用大火蒸燜三分鐘。

2 加入豆漿以外的所有食材攪拌均勻，水滾之後轉中火煮四分鐘。

3 在 2 裡面加入豆漿，加熱但不要煮到沸騰。離火靜置到冷卻之後放進冰箱冷藏。

材料（2 人份）

食材

洋蔥（切絲）—— 1/2 顆
金針菇（切段）—— 1/2 袋
水煮鮪魚罐頭 —— 1 罐
番茄塊罐頭 —— 1/2 罐（200g）
酒 —— 1 大匙
依個人喜好加入橄欖油、巴西利 —— 各適量
蒜泥 —— 2 小匙

〈蒸燜用〉

A
- 水 —— 50ml
- 橄欖油 —— 1/2 小匙
- 鹽 —— 適量

湯底

豆漿 —— 150ml
西式濃縮高湯粉 —— 1 大匙

解決日曬肌的問題

「完熟番茄」就要用在濃醇的湯品裡

想防止令人在意的日曬問題，我推薦「鮪魚番茄冷湯」。

俗話說「番茄紅了，醫生的臉就綠了」，番茄就是這樣揚名國際的健康食物。陽光中的紫外線會傷害肌膚，而番茄就是能夠保護肌膚的食材。番茄中的維他命C、E、β-胡蘿蔔素可以幫助肌膚對抗因**日曬引起的肌膚老化**以及活性氧。尤其是**熟透的番茄**，富含強力抗氧化的**茄紅素**。

讓這道湯品更美味的祕訣就是結合鮪魚和番茄。鮪魚的肌苷酸和番茄的麩胺酸兩種鮮味成分綜合在一起，會組合成更強烈的鮮味，讓湯頭變得加倍濃醇。最後加入豆漿，可以消除番茄的生澀，完成一道冰鎮之後仍然美味的冷湯。

Column 5

有助「抗老化的食物」前三名

無論幾歲都想擁有年輕緊緻的肌膚和光華柔亮的秀髮……這裡介紹前三名「擁有超強回春效果的食材」。

第一名：鮭魚。鮭魚的紅色源自蝦紅素這種天然色素。蝦紅素也是脂溶性抗氧化物質中，**抗氧化作用最強的物質**。

第二名：雞肉。肌肉是胺基酸分數最高的完美食材。不僅高蛋白低脂肪，還富含讓血液變得清透的不飽和脂肪酸。對在乎體脂肪的女性來說，**雞肉就是代表性的回春食物**。

第三名：納豆。納豆富含SOD這種可以消除活性氧的酵素，還有讓血管及骨骼更強健的維他命K、有助美容的維他命B_6，是能夠**擊退中年肥胖的食品**。

第6章

消除「壓力」！安定心靈、穩定情緒的湯品

西芹蝦仁鹽麴湯

清爽的芹菜香與鹽麴是最佳拍檔！

消除憂鬱的情緒

用湯品解決星期一的憂鬱

假期剛結束的時候難免會有點憂鬱。一想到要面對難纏的媽媽圈朋友或上司，就覺得心情很沉重。

這種時候我推薦喝「西芹蝦仁鹽麴湯」。

西洋芹是「**天然的精神安定劑**」。芹菜的特殊香味來自**芹菜素**，能夠抑制焦慮，讓心情變得穩定。蝦仁中的**鈣質**能舒緩緊繃的情緒，**維他命E**能夠保護身體不受壓力引起的氧化影響。

讓這道湯品更美味的祕訣就是稍微加熱西洋芹。縮短加熱時間，就能把西洋芹獨特的口感和香氣留在湯頭裡。再加入一點鮮味滿滿的杏鮑菇，口感就更充足了。

最後加入芹菜葉。清爽又獨特的香氣竄入鼻腔中，會讓心情愉快。令人越吃越有活力。

西洋芹的精油成分會讓情緒穩定——

材料（2 人份）

食材

蝦仁 （冷凍）　100g
西洋芹 （斜切）　1/2 根
杏鮑菇 （切薄片）　1 根

〈蒸燜用〉

A
水　50ml
芝麻油　1/2 小匙
鹽　適量

湯底

B
雞湯粉　1/2 大匙
酒　1 大匙
鹽麴　1 小匙
水　300ml

西芹蝦仁鹽麴湯

作法

制作時間
6
分鐘

1 在鍋中加入蝦仁、芹菜梗、杏鮑菇與 A，蓋好鍋蓋用大火蒸燜三分鐘。

加入蝦仁與西洋芹梗

2 加入芹菜葉、B 水滾之後轉中火煮二分鐘。

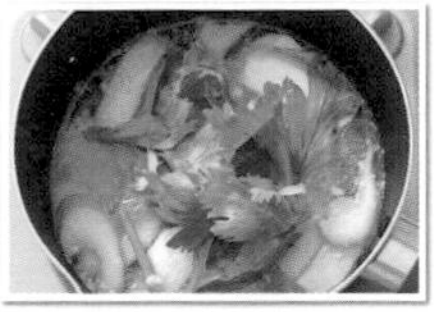
加入芹菜葉

美味的祕訣

最後加入芹菜葉，味道會很清爽。

鮪魚萵苣湯

用爽脆的萵苣和香味放鬆身心！

消除壓力

用吃沙拉的感覺喝湯，所以更美味

像沙拉一樣的湯品——「鮪魚萵苣湯」。

仔細活動下巴咀嚼蔬菜，可以舒緩壓力。因為是需要確實咀嚼的湯品，所以會在咀嚼的過程中冷靜下來並得到放鬆。

萵苣乳白色的成分是「**山萵苣苦素**」，具有**穩定精神**的作用。因壓力而被消耗的蛋白質也可以透過鮪魚罐頭補充。

讓這道湯品更美味的祕訣就是快速加熱萵苣。最後讓萵苣呈現淡綠色，就能保留滑順又水潤的口感。加入酒提味，可以消除鮪魚罐頭獨特的腥味和萵苣的苦味，會比較容易入口。在最後起鍋前加一把萵苣，就會變成擁有沙拉口感湯品。

用隨手可取得的萵苣舒緩身心壓力——

材料（2人份）

食材

萵苣（撕碎）……70g
水煮鮪魚罐頭……1罐
絹豆腐……1塊（150g）
＊3塊1組的包裝

湯底

A | 雞湯粉……1/2大匙
酒……1大匙
水……300ml

〈個人喜歡的配料〉
薑泥……1/2小匙

鮪魚萵苣湯

作法

1 在鍋中加入 A 與一半的萵苣、鮪魚罐頭，豆腐用湯匙挖成一口大小加入，蓋好鍋蓋用大火煮。水滾之後轉中火煮一分鐘。

用湯匙挖豆腐

2 關火加入剩下的萵苣， 然後蒸燜約三十秒。

讓萵苣稍微變軟即可

美味的祕訣

最後加入的萵苣保持半生的狀態，就能提升口感。

扇貝高麗菜湯

清爽的柑橘醋，帶出扇貝的鮮甜美味！

制作時間 6 分鐘

作法

1 在鍋中加入高麗菜、鴻喜菇與A，蓋好鍋蓋用大火蒸燜三分鐘。

2 加入扇貝、B，轉中火煮二分鐘。

美味的祕訣

高麗菜用手撕，吃起來口感會比較溫和。

材料（2人份）

食材

清蒸扇貝	100g（8個）
高麗菜（撕碎）	100g（3片）
鴻喜菇（分小塊）	1/2袋

〈蒸燜用〉

A	水	50ml
	芝麻油	1/2小匙
	鹽	適量

湯底

B	雞湯粉	1小匙
	柑橘醋	1大匙
	酒	1大匙
	水	300ml

有效預防失眠

難以入睡的夜晚，享用沁入心脾的一碗湯！

隔天有重要的事情，前一晚難免會因為緊張或擔心睡不著。這種夜晚我推薦「扇貝高麗菜湯」。

扇貝是「**天然安眠藥**」。**甘胺酸**是胺基酸的一種，針對睡眠和呼吸，能夠發揮類似**催眠的效果**。另外，高麗菜的維他命U可以舒緩胃部不適。和緩過度緊張或焦慮的心情，讓人可以放鬆一覺睡到天亮。

讓這道湯品更美味的祕訣是快速加熱扇貝。稍微加熱一下，扇貝的貝柱就會輕輕鬆開，在口中釋放甘甜與鮮味。

最後用柑橘醋調味。加入柑橘類恰到好處的酸味，會讓清淡的扇貝變得更加美味。

高麗菜火腿起司湯

滑順濃醇，加入起司非常美味！

作法

1 在鍋中加入高麗菜、鴻喜菇與A，蓋好鍋蓋用大火蒸燜三分鐘。

2 加入火腿、B，水滾之後轉中火煮三分鐘並攪拌均勻。

美味的祕訣

加入融化起司，湯頭會更香醇。

材料（2人份）

食材

- 火腿（切條）……3片
- 高麗菜（一口大小）……100g（3片）
- 鴻喜菇（分小塊）……1/2袋

〈蒸燜用〉

A
- 水……50ml
- 芝麻油……1/2小匙
- 鹽……適量

B
- 濃縮高湯粉……1大匙
- 牛奶……300ml
- 融化起司……3大匙

鎮定神經

週末早午餐和家人一起享用「家庭湯品」

週末想要好好享受一頓早午餐，但是孩子吵吵鬧鬧……這種時候就可以用「高麗菜火腿起司湯」，讓親子一起轉換心情。

小朋友最喜歡完全化開來的起司，這道湯品可以讓孩子們忘記吵鬧，專心地大口喝湯。再加上麵包，就變成非常豪華的午餐。媽媽可以趁機喘息，心情也會比較輕鬆。

起司具有**抑制神經興奮**的效果，鴻喜菇的**泛酸**也有助抵抗壓力帶來的身心失調。

讓這道湯品更美味的祕訣就是結合起司與牛奶。讓起司融化在牛奶裡，就能打造出濃稠的湯頭！輕鬆完成一晚濃醇香的湯品。充滿鮮味的經典食材——火腿、高麗菜、鴻喜菇。各種食材的美味加乘作用之下，搭配出令人充滿活力的好味道。

制作時間 5 分鐘

西西里風味魩仔魚湯

充滿天然鹽味，簡單又優雅的好味道！

作法

1. 在鍋中加入檸檬以外的食材，蓋好鍋蓋用中火煮三分鐘。
2. 盛到容器中，再加入檸檬片。

〈個人喜歡的配料〉

橄欖油……適量

材料（2人份）

食材

魩仔魚……2 大匙

豆腐（切四等分）……1塊

＊3塊1組的包裝

金針菇（切段）……1/2 袋

檸檬（切片）……2 片

湯底

雞湯粉……2 小匙

水……300ml

美味的祕訣

檸檬的香氣，讓湯頭變得清爽。

消除焦躁

享受地中海的餽贈，讓心情開朗起來

在疲憊的夜裡，讓人最想喝的就是濃縮大海恩賜的「西西里風味魩仔魚湯」。

魩仔魚是「能夠穩定情緒的天然營養補充品」。最大的特徵就是**同時含有能夠改善焦慮的鈣質與維他命D**。加入檸檬之後，就會變成在家也能輕鬆享用的西西里清爽風味。

讓這道湯品更美味的祕訣就是結合魩仔魚和金針菇。這兩種食材獨特的黏滑口感與濃醇的鮮味，會讓湯頭變得溫和且富有層次。讓人「一口接一口」停不下來。

魩仔魚只要稍微加熱就能變得鬆軟，而清爽的檸檬能夠中和魩仔魚獨特的味道。

制作時間
10
分鐘

天使奶油巧達起司濃湯

充滿濃醇的花蛤鮮味！

作法

1 在鍋中加入洋蔥與 A，蓋好鍋蓋用大火蒸燜三分鐘。

2 加入豬絞肉、花蛤、B，水滾之後把絞肉撥散，轉中火煮五分鐘。
然後加入豆漿攪拌均勻，繼續加熱但不要煮到沸騰。

美味的祕訣

大人要吃得可以加黑胡椒，增添一點辣味。

材料（2人份）

食材

豬絞肉	100g
水煮花蛤罐頭	1罐（125g）
洋蔥（切絲）	1/2 顆

〈蒸燜用〉

A	水	50ml
	芝麻油	1/2 小匙
	鹽	適量

湯底

B	濃縮高湯粉	2 小匙
	水	150ml

豆乳	150ml

療癒疲憊的身心

我家的經典「早安湯品」！

有令人在意的工作或行程的時候，不知道為什麼早上反而會很沒精神。這種時候就很推薦「天使奶油巧達起司濃湯」。

牛奶含有生成「**幸福賀爾蒙**」血清素的原料**色胺酸**。花蛤富含能夠**舒緩不安或緊張**、穩定心神的成分。早上吃麵包配上這碗湯，營養就足夠了！

這道湯是「我們家的經典湯品」，能夠為一家人帶來活力。

讓這道湯品更美味的祕訣就是結合花蛤與豬肉。雖然這個搭配很令人意外，但是能夠創造出海陸結合的最佳美味。

豬肉的肌苷酸和花蛤的琥珀酸兩種鮮味成分聚在一起，鮮甜的滋味就會在口中釋放。瞬間就能品嚐到美味。

最後加入牛奶，湯頭就會變得更加濃醇，五臟廟和心靈都獲得滿足。

濃醇韓式辣湯

溫和醇厚的美味！

作法

1 在鍋中加入醬油以外的食材，蓋好鍋蓋用大火煮。

2 水滾之後轉中火煮六分鐘左右，然後加入醬油調味。

＊豆芽菜煮軟之後就完成了。

〈個人喜歡的配料〉

辣椒粉、芝麻油　各適量

材料（2人份）

食材

豬五花（2cm）	100g
綜合豆芽蔬菜	1/2 袋
馬鈴薯（切 1cm 條狀）	1顆

湯底

酒	1大匙
雞湯粉	1大匙
辣味噌	1/2 大匙
醬油	1小匙
蒜泥	1/3 小匙
水	300ml

轉換情緒

帶來幸福感的辣味噌

偶爾也會想喝一點香辣的湯來轉換心情。

這種時候我推薦「濃醇韓式辣湯」。情不好的時候，辣味的刺激會讓人如夢初醒般地轉換心情。

甜甜辣辣的韓式辣味噌內含**辣椒**。辣味傳導至大腦，就會讓人逐漸忘記不安。另外，馬鈴薯醇厚的味道也能**穩定心神**。

讓這道湯品更美味的祕訣就是把馬鈴薯煮軟。煮到一壓就碎的程度，就能中和辣味，讓人能夠好好享受味道出乎意料的韓式辣湯。如果想要吃更辣一點，可以加入辣椒粉。據說辣椒粉熱辣辣的刺激，會帶來幸福感喔。

Column 6

每天都好睡的「簡單呼吸法」

很難入睡或者半夜會醒來……有一種呼吸法可以改善這些睡眠困擾，那就是**「478腹式呼吸法」**。

透過橫膈膜上下活動刺激副交感神經，達到引導人**進入深度睡眠的功效**。方法非常簡單。

1. 把氣完全吐光之後，閉上嘴巴數到4。
2. 慢慢從鼻子吸氣，然後止息數到7。
3. 一邊數到8一邊從嘴巴慢慢吐氣。

剛開始先做三個回合。等到習慣之後，可以重複五~十個回合。

覺得腹式呼吸很困難的人，可以仰躺然後在腹部放厚重的書本，呼吸的時候想辦法讓書上下移動，用這種方式掌握腹式呼吸的感覺即可。

第7章

消除「免疫力低下」！抗寒抗病毒的湯品

大蒜雞蛋精力湯

讓身體整個暖起來的滋養湯品！

預防感冒

美味享用「增強精力的食材」

驅走冬季寒冷的湯品——「大蒜雞蛋精力湯」。

大蒜是「補充精力的最佳食材」。大蒜的大蒜素具有強烈的殺菌功能，可以**擊退病毒或細菌**，也有預防感冒的效果。除此之外，大蒜中的增精素（Scordinin）會促進新陳代謝，**提升人體免疫力**，甚至還能清除體內毒素。搭配營養滿分的雞蛋、溫暖身體的洋蔥和薑，就完成一道讓身體整個暖起來的湯品。

讓這道湯品更美味的祕訣就是使用生大蒜。加工過的大蒜調味料會減弱大蒜獨特的香味和成分的功效。生大蒜和洋蔥一起燉煮，能夠引出天然的甜味，搭配大蒜特殊的香味讓人越吃活力越充沛。最後加入蛋液，口感會非常滑順。溫和的好味道可以療癒人體。

用能夠補充精力的大蒜預防感冒——

材料（2人份）

食材

雞蛋（打成蛋液）——1顆

A
- 洋蔥（切絲）——1/2 顆
- 大蒜（切片）——3 片
- 薑泥——1小匙

柴魚片（小包裝）——2 大匙
太白粉——1大匙
＊用等量的水溶解

湯底

沾麵醬（三倍濃縮）——1大匙
水——400ml

大蒜雞蛋精力湯

制作時間
8
分鐘

作法

最後加入柴魚片

1 在鍋中加入 A 與水，蓋好鍋蓋用大火煮。水滾之後轉中火煮五分鐘。

2 用沾麵醬調味，加入太白粉水攪拌均勻。

待羹湯沸騰之後倒入蛋液，浮起蛋花之後就馬上關火。最後撒上柴魚片。

美味的祕訣

用天然的柴魚片增添鮮味與香味。

鍋燒烏龍麵

直達體內的溫暖！

作法

1 在陶鍋中加入水煮烏龍麵與A，再倒入B，蓋好鍋蓋用大火煮。

2 沸騰之後撈去浮沫，轉中火煮三分鐘左右。

3 打一顆蛋進去煮一分鐘左右。最後加入青蔥和薑泥。

美味的祕訣

蓋上鍋蓋蒸燜雞蛋，就能打造滑嫩的口感。

材料（2人份）

食材

水煮烏龍麵（用清水洗過）——1份

A
- 雞腿肉（切一口大小）——60g
- 油豆腐（切一口大小）——1/3塊
- 魚板（切片）——2片
- 香菇乾——1朵

雞蛋——1個

湯底

B
- 水——300ml
- 濃縮高湯——1大匙

〈個人喜歡的配料〉

青蔥花——1大匙

薑泥——1/2小匙

擊退病毒

身體最喜歡營養均衡的大量配菜

冬季的空氣很乾燥，為防止感冒病毒入侵體內，做好鼻腔和喉嚨的保濕非常重要，這種時候就要吃熱騰騰的「鍋燒烏龍麵」。

雞肉富含**強化喉嚨與鼻腔黏膜的維他命A**。在中醫領域，雞肉屬於能夠溫暖腹部、具有補氣功效的食物。打造不怕病毒和細菌的身體，需要均衡的營養。同時攝取能**提升免疫力的香菇、蔬菜、豆類**，對腸胃毫無負擔，而且全家都能一起享用。

讓鍋燒烏龍麵更美味的祕訣就是把烏龍麵和配菜一起煮。蔬菜、油豆腐、雞肉等所有食材的鮮味都會釋放到湯頭中，每喝一口都會讓營養滲入體內。鍋燒烏龍麵的美味讓人忍不住喝到一滴不剩。加上一顆蛋，濃醇的蛋黃附著在烏龍麵和配菜上，讓人食慾大開。清爽的青蔥花，也會讓人心情舒爽。

制作時間 1 分鐘

青蔥味噌湯

青蔥與味噌的鮮味滿滿！

作法

1 在容器中加入 A 並攪拌均勻，倒入熱水沖開。

材料（2人份）

食材

A	青蔥花	3 大匙
	味噌	1/2 大匙
	薑泥	1/3 小匙
	熱水	180ml

美味的祕訣

有了青蔥與薑的風味，不需要高湯也很美味。

具有止咳功效

青蔥與味噌的「清香」令人愉悅

感冒咳不停的話，睡眠也會受到影響。這種時候我推薦喝「加熱水就完成的青蔥湯」。

青蔥是「**萬能感冒藥**」。豐富的胡蘿蔔素能強化皮膚和黏膜，舒緩咳嗽和喉嚨生痰的症狀。另外，在擁有卓越殺菌效果的**維他命C和蔥辣素加乘效果之下，能夠預防傳染病**。青蔥中的二烯丙硫醚能夠溫暖身體，舒緩頭痛或感冒引起的畏寒、關節痛等不適。

讓這道湯品更美味的祕訣就是攪拌青蔥。用筷子攪拌青蔥與味噌，可以破壞青蔥的纖維，在沖熱水的瞬間就能釋放青蔥的清爽香氣。喝一口就能享受發酵調味料味噌的香味與薑的微辣，令人神清氣爽。這碗湯是疲憊的夜晚或寒冷的早晨，能夠溫暖身體的寶物。

制作時間
4
分鐘

營養熱奶昔

全家人都喜愛的溫和味道！

作法

1 在鍋中加入雞蛋與砂糖，用攪拌器攪拌均勻。

2 加入牛奶攪拌均勻，以稍強的小火加熱，同時也要用鍋鏟緩緩攪拌。煮到有一點濃稠的時候就可以關火。

材料（1人份）

食材

雞蛋	1個
牛奶	150ml
砂糖	2 小匙

美味的祕訣

攪拌的時候稍微感覺到有阻力就可以關火。

能夠有效發熱

喝一口就能獲得元氣

「營養」和「休息」就是最好的感冒藥。因為發燒吃不下飯的時候，就可以飲用「營養滿分的熱奶昔」。

奶昔能夠**有效讓身體發熱**。發燒的時候，體內的維他命A、B1、C和鈉等身體需要的營養素會大量消耗。用雞蛋、牛奶和砂糖製作的奶昔甘甜好入口，又能夠**有效補充必要的營養**。

讓飲品更美味的祕訣就是加熱到和人體相同的溫度。稍微有一點濃稠感的話，喝起來會比較滑順好入口。奶昔有淡淡的牛奶甜味，能夠溫暖撫慰虛弱的身體，為人帶來活力。

想消暑的時候，可以放在冰箱冷藏變成冰奶昔，放在冷凍庫的話就變成冰淇淋，是我們家的經典飲品。

制作時間
3
分鐘

蔬菜優格飲

清爽的酸味讓人忍不住大口喝！

材料（1人份）

食材

蔬果汁 ———— 100ml
無糖優格 ———— 50ml

作法

1 將所有食材加入容器中，攪拌至均勻滑順。

* 也可以做成兩層，一邊攪拌一邊喝。

美味的祕訣

蔬果汁和優格的比例＝ 2：1 會很好喝喔。

提升抵抗力

聰明享受優格提升免疫力的效果

感冒快好的時候，就可以喝「蔬菜優格飲」了。

優格是**「有助恢復體力的食物」**。退燒之後恢復食慾，就可以用優格來恢復體力並提高抵抗力。冰冰涼涼的口感很好吞嚥，又有整腸效果，**能夠活化腸內免疫細胞**提升免疫力。蔬果汁當中富含抗氧化作用強的茄紅素與β-胡蘿蔔素，一起飲用可以**提升對病毒的抵抗力**。

讓飲品更美味的祕訣就是蔬果汁和優格要用「2：1」的比例調製。恰到好處的優格酸味與蔬果汁的甜味，能夠組合出一杯清爽的飲品。請按照個人喜好選擇含有茄紅素番茄蔬果汁或者含有β-胡蘿蔔素的紅蘿蔔蔬果汁。

為了儘早恢復體力，我建議選擇搭配好入口的蔬果汁。

中式豆腐粥

入口即化，溫柔修復身體！

作法

1 在鍋中加入豆腐與白飯，用攪拌器攪拌均勻。

2 在 1 裡面加入 A，稍微攪拌之後蓋好鍋蓋用大火煮。

3 沸騰之後轉中火煮四分鐘左右關火，然後蒸燜四分鐘左右。

美味的祕訣

最後蒸燜一下，粥的口感會更鬆軟。

材料（2 人份）

食材

白飯 —— 1/2 碗（50g）
絹豆腐 —— 1 塊（150g）
＊3 塊 1 組的包裝

湯底

A | 雞湯粉 —— 1/2 小匙
A | 水 —— 150ml

〈個人喜歡的配料〉
個人喜歡的配料 —— 少許
薑泥 —— 1/4 小匙

適合大病初癒的時候

有益身體健康「粥」，擁有卓越功效

大病初癒想要增強體力的話，就要吃柔軟滑嫩的「中式豆腐粥」。

粥是「療癒身心的養生食物」。對腸胃溫和又有飽足感，能夠有效率地吸收水分和營養，也是一種感冒特效藥。粥可以溫暖身體，**讓促進血液和淋巴循環，提升免疫力**。搭配高蛋白好消化的豆腐，就能營養滿分。在體力恢復期，能夠順暢補充必要的營養。

讓粥更美味的祕訣就是用雞湯燉煮。在恢復體力期間，味覺會慢慢恢復，比起單純的白粥，用雞湯調味更能引起食慾。除此之外，把豆腐攪得比米粒還碎，會更方便吞嚥，更好入口。在疲憊的日子裡，一碗熱粥就是彌足珍貴的寶物。

高寶書版集團
gobooks.com.tw

HD 144
不吃藥！不動刀！最強神級養身湯：日本瘦身果汁女王的50道湯品，解決女性所有煩惱
女性の悩みはすべて「スープ」で解決する

作　　者　藤井香江
譯　　者　涂紋凰
責任編輯　吳珮旻
封面設計　鄭佳容
內頁排版　賴姵均
企　　劃　鍾惠鈞
版　　權　張莎凌

發 行 人　朱凱蕾
出　　版　英屬維京群島商高寶國際有限公司台灣分公司
　　　　　Global Group Holdings, Ltd.
地　　址　台北市內湖區洲子街88號3樓
網　　址　gobooks.com.tw
電　　話　（02）27992788
電　　郵　readers@gobooks.com.tw（讀者服務部）
傳　　真　出版部（02）27990909　行銷部（02）27993088
郵政劃撥　19394552
戶　　名　英屬維京群島商高寶國際有限公司台灣分公司
發　　行　英屬維京群島商高寶國際有限公司台灣分公司
初版日期　2022年11月

國家圖書館出版品預行編目（CIP）資料

不吃藥!不動刀!最強神級養身湯：日本瘦身果汁女王的50道湯品,解決女性所有煩惱/藤井香江著；涂紋凰譯. -- 初版. -- 臺北市：英屬維京群島商高寶國際有限公司臺灣分公司, 2022.11
面；　公分. --（HD 144）

譯自：女性の悩みはすべて「スープ」で解決する

ISBN 978-986-506-570-6（平裝）

1.CST: 食譜　2.CST: 養生　3.CST: 湯

427.1　　111017148